DE

L'EXPÉRIMENTATION

EN PHYSIOLOGIE

PAR

LE DOCTEUR JACQUEMET

CHEF DES TRAVAUX ANATOMIQUES

PROFESSEUR AGRÉGÉ A LA FACULTÉ DE MÉDECINE DE MONTPELLIER, MEMBRE

DE L'ACADÉMIE DES SCIENCES ET LETTRES DE LA MÊME VILLE

ANCIEN INTERNE DES HÔPITAUX DE LYON

LAURÉAT ET PROSECTEUR DE L'ÉCOLE DE MÉDECINE DE LYON, ETC.

MONTPELLIER

BOEHM & FILS, IMPRIMEURS DE L'ACADÉMIE

Éditeurs du MONTPELLIER MÉDICAL

1860

297

DE

L'EXPÉRIMENTATION EN PHYSIOLOGIE.

A moins de nier l'évidence, il faut reconnaître que les immenses progrès de la physiologie contemporaine sont essentiellement dus à l'*expérimentation*. Depuis qu'elle est entrée dans cette voie, résolûment et pour n'en plus sortir, la science de la vie a frappé, jusqu'à un certain point, chacune de ses découvertes au coin de l'exactitude et du positivisme dont la physique et la chimie, ses alliées, sont plus fières que jalouses.

L'impulsion est vigoureusement donnée ; en tout lieu on est à l'œuvre, on *expérimente*, et, dans l'attente du grand jour, des lueurs commencent à percer les mystères de la vie.

Si la physiologie expérimentale paraît fort attardée, quand on la compare aux autres sciences cosmologiques, ses sœurs ou ses rivales ; si longtemps encore elle doit rester en arrière ; si, enfin, son évolution est moins éblouissante par la promptitude et la fécondité de ses résultats, il ne faut s'en prendre qu'à la complexité des problèmes qu'elle étudie et des opérations manuelles et mentales, aussi délicates que multiples, qui lui sont indispensables. En renonçant aux entraînements de l'hypothèse, elle s'est condamnée à marcher lentement ; mais elle risque moins de s'é-

1

garer. La physiologie a enfin mis la main sur sa vraie méthode, et du même coup elle a saisi son flambeau, son levier, son fil conducteur.

Avant d'aller plus loin dans le sujet, il convient de s'entendre sur la portée des mots : *biologie, science de la vie, physiologie analytique,* physiologie que l'art expérimental cultive plus spécialement. Pour nous, ils représentent ici les notions acquises ou à acquérir sur le jeu des organes, sur le mécanisme et les produits de leurs fonctions, sur les conditions et les lois des phénomènes réalisés par les organismes vivants. Or, suivant la constitution et la nature des êtres vivants qu'on étudie, ces termes n'ont pas la même compréhension. La biologie de la plante diffère de celle de l'animal; la biologie de l'animal n'est pas celle de l'homme. Pour l'homme et pour la bête, le système vital n'est point identique, malgré les analogies des instruments matériels et de la force qui les fait fonctionner. Il faut donc renoncer à croire qu'on peut faire la physiologie de l'homme par la physiologie de l'animal. Allons plus loin : connaître l'organisation et les fonctions vitales de l'homme, est-ce connaître l'homme tout entier? Non; cette espèce de physiologie n'est qu'un fragment de la science de la nature humaine, c'est-à-dire, de l'*anthropologie;* car l'homme est à la fois matière, vie et pensée. Mais si l'*anthropologie médicale* ne doit pas se fonder sur le seul élément biologique, elle ne peut pas non plus se fonder sans lui. Notre intention est de signaler ici l'importance et l'utilité de son concours. Faisons-lui la part belle. Que craignons-nous? Nous sommes en garde contre ses séductions et ses empiétements illégitimes dans la sphère médicale.

Pour se rendre compte des phénomènes de la nature, l'esprit humain met en usage deux grands moyens de connaître : l'*expérience* et le *raisonnement*, la méthode *expérimentale* et la méthode *théorique*. A la première se rapportent les notions que nous obtenons à l'aide de nos sens. Dans la seconde, l'intuition et le raisonnement entrent presque seuls en jeu.

Tous les hommes, ayant sous les yeux un même phénomène qui ne se laisse entrevoir qu'incomplètement, ne satisfont pas de la même façon leur curiosité bien naturelle. Les uns cherchent dans leur entendement et imaginent l'explication du fait entier, puis se reposent sur l'oreiller complaisant d'une ingénieuse théorie. Les autres, de composition moins facile, s'adressent à l'expérience, et d'elle seule attendent leur conviction.

C'est en suivant la voie expérimentale, que quelques-unes des sciences dites d'*observation*, et qui seraient mieux nommées *sciences d'expérimentation,* comme la physique, la chimie, la physiologie, sont arrivées à leurs plus précieuses découvertes et à leurs lois les plus stables. Leur développement n'a été possible que par elle, et leur avenir en dépend tout entier. Mais la méthode générale dont il s'agit ici, comprend deux procédés d'investigation qui sont loin d'avoir la même puissance, le même emploi, les mêmes résultats : je veux parler de l'*observation proprement dite* et de l'*expérimentation*.

Le langage ordinaire ne leur donne pas une signification bien différente; on peut même les trouver ayant réellement entre elles une certaine intimité, se confondant parfois et se rendant toujours l'une à l'autre de mutuels services. Les sciences où l'on expérimente le plus sont aussi des sciences d'observation, et celles qui recourent généralement à l'observation, s'aident à tout instant d'expériences artificielles. Que seraient, en effet, la physique, la chimie, l'histoire naturelle, la physiologie, si elles ne tenaient compte à la fois et des phénomènes qui se produisent comme d'eux-mêmes dans la nature, et de ceux que peut y provoquer le caprice ou le calcul du génie humain? L'art expérimental a même entrepris avec succès la détermination des espèces zoologiques et botaniques, partie de la science où il semblait que l'observation dût à jamais régner seule. On est parvenu, en combinant les influences du régime, des circonstances extérieures, des croisements, à modifier les individus, les races, les espèces, soit en vue d'une utilité pratique, soit dans un but théorique, pour remonter, par les variations produites sous nos yeux, à celles qui ont pu se produire anciennement dans la nature. Les deux sources du savoir empirique se trouvent donc partout côte à côte, et ne sauraient tout à fait s'exclure dans leur emploi.

Mais le savant qui les voit à l'œuvre, les a depuis longtemps différenciées et jugées. Le physiologiste, non moins que le physicien, témoin chaque jour de la supériorité de l'expérimentation sur la simple observation pour attaquer les problèmes biologiques, en est venu à considérer l'une et l'autre comme des méthodes presque opposées, et à donner à la première toutes ses préférences. —« Aujourd'hui, dit M. Claude Bernard [1], on ne compte plus les physiologistes qui font des expériences; on compte, au contraire, ceux qui n'en font pas, et les physiologistes non expérimentateurs sont des anomalies qui, désormais, ne se comprendront

---

[1] *Discours sur Magendie,* 1857.

plus. » Il ne peut être ici question que des physiologistes qui poursuivent les faits de détail, les fonctions et les usages des différentes parties de l'appareil instrumental. Hippocrate et les autres grands législateurs de la science de l'homme, seront toujours compris; ces esprits supérieurs et féconds par la synthèse, ne seront jamais des anomalies, ils auront toujours leur raison d'être. Pour construire les édifices, ne faut-il pas aussi des architectes ?

Depuis les travaux de Legallois, de Magendie, de MM. Flourens, Longet, Claude Bernard, Bouisson, Brown-Séquard, Collin, Chauveau, il peut paraître superflu de défendre la nécessité et la valeur de l'art expérimental en physiologie : un bon arbre se prouve à l'excellence de ses fruits. D'ailleurs M. Collin, aussi habile au précepte qu'à l'œuvre, a écrit dans son remarquable *Traité de physiologie comparée*, les pages les plus éloquentes, auxquelles on ne peut rien ajouter en faveur de l'expérimentation. Néanmoins il est encore contre elle des esprits prévenus ou systématiques, des détracteurs passionnés, qui, fermant les yeux sur ses bienfaits, ne veulent voir que ses inconvénients et ses imperfections. Nous ne croyons donc pas qu'il soit inutile de proclamer de temps en temps son importance et ses services, quoique chaque jour elle se crée de nouveaux titres à l'admiration et à la reconnaissance de l'humanité.

En quoi consiste l'expérimentation, et en quoi diffère-t-elle de la simple observation? Comment procède-t-elle et quelles sont ses règles? Quelle est enfin la valeur de ses résultats? Telles sont les questions qui vont successivement nous occuper.

L'expérimentation physiologique c'est l'art de solliciter méthodiquement un organe, un appareil, ou même tout un organisme, à produire, dans des conditions définies ou calculées, les phénomènes vitaux, chimiques ou physiques, dont ils sont susceptibles, afin d'en déterminer plus nettement et sans équivoque les caractères, le mécanisme, les causes, les lois. Expérimenter, c'est contraindre la nature à répondre catégoriquement et dans les termes dictés, aux questions qu'on lui adresse; c'est la mettre en demeure de révéler comment elle s'y prend pour réaliser un programme qui est le sien, ou qu'on lui impose.

L'observation, au contraire, inhabile à modifier les conditions des phénomènes, se contente d'examiner, de constater ceux qui se présentent pour ainsi dire d'eux-mêmes et comme d'aventure. Le physiologiste même le plus perspicace, mais qui n'est qu'observateur, voit les opérations de la nature lui échapper par tous les côtés. Malgré sa patience et ses efforts à la suivre, il ne lui ravit guère la confidence de ses actes et de ses facultés. L'observation ne montre que l'écorce des faits physiologiques; l'œil est arrêté à la superficie des actions vitales. Réduits au simple rôle de spectateurs, nous ne différons pas beaucoup de ces anatomistes comparés par le chirurgien Méry [1] aux crocheteurs de Paris, qui connaissent parfaitement les rues de cette ville, mais qui ignorent ce qui se passe dans l'intérieur des maisons. En observant, même de près, aux portes des organes ce qui entre et ce qui sort, nous n'arrivons pas à savoir comment les choses

---

[1] Voy. Fontenelle, *Éloges*.

s'y font, ni à saisir la filiation des actes mystérieux dont ils sont l'officine.

L'expérimentateur n'épie plus à distance ; c'est peu pour lui d'être paisible spectateur ; il pénètre au-delà des apparences, et prend l'initiative des opérations qu'il désire faire poser devant lui ; il devient audacieux, violent ; il interroge, il scrute ; il veut l'explication motivée de chaque fait, le mot de chaque énigme, et c'est le plus souvent par la torture qu'il arrache à l'organisme vivant les secrets qu'il s'obstinait à lui cacher.

Si l'observateur attend que la nature parle, l'expérimentateur la force à parler quand elle se tait, et à parler sans ambages ni équivoques.

Pour observer, il suffit d'avoir dans l'occasion de la patience, du tact ; c'est bien déjà quelque chose. Mais, pour expérimenter, il faut, en outre, cette sorte de génie qui imagine et institue les expériences, qui trouve les moyens d'exécution les mieux appropriés et les plus décisifs ; il lui faut, avec la dextérité du manipulateur ou du chirurgien, cet esprit de discernement qui, sans prendre le change, démêle dans l'opération physiologique les effets de la nature et les effets de l'art ; qui se rend compte de toutes les conditions, du mode et du degré d'influence de chacune sur la production des phénomènes ; enfin, qui interprète avec connaissance de cause et apprécie à leur juste valeur les résultats dont il a été l'instigateur dans l'organisme. Ces esprits sont rares ; ils marquent leur passage dans le siècle qui les possède.

Le besoin d'expérimenter, en physiologie, doit être aussi ancien que la curiosité humaine. De tout temps on a été convaincu que les phénomènes apparents de l'économie animale ont pour origine d'autres phénomènes moins accessibles, qui se passent à l'intérieur, et de tout temps on a dû désirer de surprendre ces derniers, d'en connaître le mécanisme et l'essence, de parcourir d'un bout à l'autre la chaîne de ces actes, depuis le fait initial jusqu'au résultat, et de saisir les lois qui président à leur évolution.

Les premières expériences furent peut-être celles des sacrificateurs consultant les entrailles des victimes ; mais leur but ne devint réellement scientifique qu'entre les mains des observateurs qui se livraient à l'étude de la médecine. Galien en a imaginé plusieurs qui sont restées des modèles du genre. Ainsi, pour savoir si les instincts tiennent ou non à l'imitation et à l'habitude, il tire deux chevreaux du ventre de leur mère, il leur présente une poignée d'herbes où se trouve du cytise que les jeunes animaux distinguent aussitôt du reste, et voit par là que l'instinct est une impulsion spontanée, préexistant à la naissance et à l'éducation. Pour connaître l'action des nerfs récurrents laryngés sur l'organe qu'il suppose être celui de la phonation, il coupe un de ces nerfs, et la voix s'affaiblit ; puis il coupe l'autre, et elle s'éteint entièrement. De même, pour découvrir le rôle d'autres parties, il fait des opérations analogues. Son traité *De usu partium* est le testament de la physiologie expérimentale de l'antiquité.

Avec Galilée, Newton et leurs disciples, l'art des expériences s'introduisit dans les sciences physiques et ne tarda pas à renaître dans le domaine de la biologie, pour atteindre de nos jours son plus grand développement. En ce moment, la physiologie expérimentale entasse découvertes sur découvertes ; les progrès et les perfectionnements de ses procédés font surgir des faits nouveaux, des résultats inattendus qui tiennent la science en éveil sur des questions qu'on croyait résolues; ses vues nouvelles font crouler pièce à pièce les théories prématurées qui voulaient s'imposer comme définitives.

Certains esprits, qui se défient des nouveautés et de cette fiévreuse ardeur expérimentale, diront peut-être que des lésions pathologiques, quelques monstruosités, différentes opérations chirurgicales, peuvent nous fournir suffisamment les moyens et les notions qui s'acquièrent par les expériences. Nous répondrons, avec M. Collin, que ces circonstances, espèces d'expériences toutes préparées par la nature ou par quelque accident, sont rares et peu accessibles; que la complexité de leurs éléments et de leurs conditions en rend habituellement l'interprétation difficile et sujette à controverse; enfin que, malgré l'accord de tout le monde à en recommander l'étude, l'histoire est là cependant pour affirmer que la science n'en a jamais retiré un grand profit. Ainsi, l'action croisée des hémisphères du cerveau était indiquée par les effets des plaies de tête; elle aurait pu l'être encore par le tournis du mouton, avant que les vivisections l'eussent démontrée. — L'insensibilité de la substance cérébrale, celle des os, des tendons, des cartilages, quand ces parties sont à l'état sain et normal, pouvait être mise hors de doute par les amputations, avant les nombreuses recherches expérimentales de Haller et de son École. — On aurait pu, avant les expériences contemporaines, et en particulier celles de MM. Chauveau et Faivre, connaître les mouvements et les bruits normaux du cœur, grâce aux accidents traumatiques ou aux vices de conformation qui mettent cet organe à découvert. — Les lésions diverses des nerfs, et surtout la paralysie de la sensibilité d'un membre, sans la paralysie du mouvement, et *vice versâ*, mettaient sur la voie pour distinguer dans l'appareil nerveux les cordons moteurs et les cordons sensitifs ; il a néanmoins fallu que Ch. Bell donnât expérimentalement la preuve de cette distinction importante. — Malgré l'enseignement, si fécond d'ailleurs, des faits pathologiques et cliniques, que savait-on de bien précis sur certaines fonctions du foie, du pancréas, des glandes salivaires, avant les investigations de M. Claude Bernard ? — Que savait-on sur la génération et le développement du fœtus, avant les expériences de Harwey, de Spallanzani, de MM. Coste, Courty ? — sur le vomissement, avant Bayle, Magendie ? — Les anciens avaient beaucoup disserté sur la digestion. Pour les uns, c'était une coction ; pour d'autres, une putréfaction ; pour d'autres, une macération ; leurs hypothèses et leurs disputes ne furent utiles qu'à provoquer la recherche expérimentale de ce qu'il était impossible de deviner. Réaumur et Spallanzani d'abord, firent voir qu'il y a trituration chez quelques animaux, et chez tous, dissolution des aliments par l'action de certains sucs digestifs ; ensuite Tiedmann et Gmelin, MM. W. Beaumont, Blondlot, Cl. Bernard, Lehmann, ont éclairé tous les détails de la fonction, en déterminant les modes d'action de chacun de ces sucs sur telle ou telle espèce d'aliments. — Est-il encore besoin de rappeler les services rendus par l'expérimentation à la physiologie et à la médecine, au sujet de la chaleur animale, des diverses sécrétions, de l'action des substances toxiques et médicamenteuses, etc., etc. ? Est-il un seul point de la science qui lui ait échappé ? Par ce qu'elle a fait depuis quelque vingt ans, on peut prévoir ce qu'elle fera dans la suite.

Rien, dans les études physiologiques, ne peut donc tenir lieu de l'expérimentation. Répétons-le sans cesse, la nature n'a pas de confident ; il lui faut arracher chacun de ses secrets, et ceux du monde physiologique ne tombent que sous les coups de l'art expérimental. En vain on a demandé à l'anatomie et à ses inductions les plus légitimes, la révélation des propriétés vitales et du jeu fonctionnel des organes ; en vain même on la demandera au microscope, bien qu'il ait déjà tourné et retourné en tous sens les éléments matériels les plus immédiats de la vie, la cellule, le tube, la fibre. Depuis qu'il a fait connaître la structure de la rate, du corps thyroïde, des capsules surrénales, ignore-t-on moins les fonctions de ces organes ? On ne les connaîtra jamais que par l'intervention des expérimentateurs qui sauront les surprendre ou les mettre en activité, et analyser leurs phénomènes sur le vivant.

Il est plus facile de constater les merveilleux résultats de l'art expérimental, que d'en exposer les procédés et les principes. Rappelons d'abord qu'il peut être dirigé suivant deux buts bien différents : pour *démontrer*, ou pour *découvrir*. Dans le mode démonstratif, celui qui se vulgarise de plus en plus dans l'enseignement dogmatique, on institue l'expérience d'après un plan arrêté d'avance ; on veut arriver à reproduire des phénomènes connus ; on a besoin de leurs témoignages en action pour confirmer les lois et les théories dont ils sont l'objet. Avec l'autre, au contraire, le travailleur, se plaçant en dehors de toute préoccupation systématique, s'engage dans des régions inexplorées, à la recherche de l'inconnu ; il défriche un sol nouveau. Entouré de phénomènes complexes et en apparence contradictoires, il ne parvient à s'en emparer qu'après de longs tâtonnements; puis, pour chacun d'eux séparément saisi, il s'applique à resserrer le nœud de la difficulté dans une expérience décisive. Ce genre d'investigation est spécialement cultivé au Collège de France, et dans certaines Universités allemandes qui possèdent ce qu'on appelle des *Instituts physiologiques*, véritables laboratoires où les expériences sur les animaux vivants se trouvent activement secondées par les ressources des sciences physiques et chimiques. — Les procédés du dernier mode expérimental sont fort nombreux déjà, et chaque jour on en imagine de nouveaux. Notre description ne saurait tous les embrasser ; qu'il nous suffise d'en exposer quelques-uns, pour faire comprendre la plupart des autres.

Il n'est pas sans intérêt de suivre l'expérimentateur à la découverte. Voyez-le, s'attaquant à une fonction compliquée, la digestion, par exemple : il cherche d'abord à la morceler en ses actes élémentaires. Connaissant la composition et les propriétés naturelles des aliments, il s'efforce de retrouver ces derniers aux divers temps de la fonction, et de voir quelles modifications physiques et chimiques ils ont subies de la part des agents digestifs. Il isole successivement telle ou telle influence ; il fait agir séparément chaque organe ou chaque fluide employé dans la digestion. Les salives, le suc gastrique, la bile, le suc pancréatique, les autres liquides intestinaux, obtenus à l'aide de fistules artificielles, sont essayés isolément ou en mélange deux à deux, sur les substances alimentaires.

Il fait ensuite des épreuves contradictoires. En supprimant l'intervention de tel ou tel agent digestif, il déduit directement, d'après la variation survenue dans les phénomènes, la part et le genre d'action qui lui revenaient dans leur accomplissement normal. — Détournez la bile ou le suc pancréatique, et vous conclurez, en retrouvant les matières grasses intactes dans les fèces, que le concours de ces fluides est indispensable pour la digestion de ce genre d'aliments, contre-épreuve confirmative du témoignage de vos sens qui ont surpris au fait le mélange bilio-pancréatique émulsionnant et acidifiant les graisses.

L'expérimentateur dégage et met à nu chacune des conditions qui entrent comme données du problème ; il en recherche la valeur, et lorsqu'il l'a trouvée pour chacune séparément et pour toutes à la fois, il arrive à la solution du problème physiologique. Le grand art consiste à savoir distinguer et décomposer méthodiquement là où, tout d'abord, il semble n'y avoir que complexité et chaos. Pour y parvenir, les moyens ne sont pas également bons ; ils varient aussi dans leur mode d'exécution suivant la fonction qu'on poursuit. M. Cl. Bernard a innové, entre autres procédés, un genre d'*analyse physiologique* des systèmes qui composent l'organisme vivant : il opère au moyen de certains agents toxiques. Par leur action élective, il dissèque, pour ainsi dire, une à une les aptitudes vitales inhérentes à chaque élément anatomique. Il s'en sert, comme de véritables *réactifs de la vie.* C'est à leur aide qu'il a démontré que la contractilité de la fibre musculaire, l'excitabilité des nerfs moteurs et l'impressionnabilité des nerfs sensitifs, sont des propriétés vitales distinctes, isolables, pouvant exister les unes sans les autres, quoiqu'elles paraissent essentiellement dépendantes les unes des autres, et confondues dans la production des mouvements. Voyons à l'œuvre l'opérateur avec ses subtils instruments d'analyse, la strychnine, le curare, le sulfo-cyanure de potassium, la nicotine, l'oxyde de carbone, etc. ?

Il s'agit, par exemple, d'isoler expérimentalement, les unes des autres, les diverses facultés vitales qui président au mécanisme des actions réflexes. La contractilité du système musculaire, la motricité et la sensitivité du système nerveux vont tour à tour être dégagées de leur combinaison physiologique. Trois poisons employés comme *réactifs*, et quatre grenouilles comme *sujets*, suffiront à nos expériences. Ayant répété plusieurs fois les procédés opératoires de l'éminent professeur du Collége de France, nous pouvons rendre compte, à notre manière, des événements qui s'accomplissent et des conditions dans lesquelles il faut se placer pour leur laisser leur signification naturelle.

Une grenouille est épargnée de tout poison ; nous la réservons, comme type, pour représenter ce qui se passe normalement quand on provoque, soit un mouvement réflexe, par le pincement d'une partie fort sensible, comme la peau ; soit un mouvement direct, par l'excitation immédiate des nerfs moteurs ou bien de la substance musculaire.

Les quatre batraciens sont d'abord préparés par un procédé commun, qui consiste à étreindre, dans une ligature en masse, l'aorte lombaire, les autres vaisseaux satellites et toutes les parties de la région, excepté les nerfs lombaires, qu'on a préalablement dégagés en arrière, qui doivent rester intacts, et qui, encore adhérents à la moelle épinière, relient seuls physiologiquement, sinon anatomiquement, le train postérieur au train antérieur de l'animal.

On introduit ensuite, sous la peau du dos, près de la tête, le poison qu'on veut faire absorber aux trois grenouilles : la strychnine à l'une, le curare à une autre, le sulfo-cyanure de potassium à la dernière. Au bout de quelques minutes, et après des symptômes différents suivant la nature de l'agent vénéneux, l'intoxication et la mort ont lieu. Le train antérieur seul est empoisonné, la ligature lombaire formant un obstacle invincible à la propagation de la substance toxique dans le train postérieur.

Enfin, pour rendre les choses encore plus comparables et pour abolir plus sûrement toute réaction d'origine volontaire, nous décapitons nos quatre victimes.

Maintenant, que va-t-il se passer sur chacune d'elles, si nous les soumettons aux mêmes tentatives expérimentales, en pinçant la peau, en excitant les nerfs moteurs et les chairs musculaires, soit du train antérieur, soit du train postérieur ?

1° Sur notre N° 1, — c'est-à-dire sur la grenouille non empoisonnée, mais décapitée et étreinte comme les autres par la ligature lombaire, — si nous pinçons une patte antérieure, il se produit aussitôt des mouvements réflexes d'ensemble qui portent sur le tronc et sur les quatre membres, mouvements quelquefois plus marqués dans la région touchée, mais qui ne lui sont pas exclusifs.

Le pincement de la peau du train postérieur détermine les mêmes actions réflexes.

L'excitation mécanique ou galvanique, appliquée directement sur les troncs nerveux de chaque membre, fait naître des secousses convulsives dans les muscles auxquels ils se distribuent.

Les mêmes excitations, portées immédiatement sur les faisceaux charnus, y provoquent aussi le frémissement contractile.

Voilà les phénomènes normaux et connus qui serviront de termes de comparaison à ceux que nous allons constater sur les grenouilles diversement empoisonnées. L'interprétation de ces derniers
sera facile, si l'on a présent à l'esprit le mécanisme des mouvements
réflexes. Pour les produire, on le sait, trois ordres d'éléments
organiques et trois facultés vitales correspondantes concourent
et entrent successivement en jeu : l'élément nerveux sensitif avec
son impressionnabilité, le nerf moteur avec son incitabilité, et le
muscle avec sa puissance contractile. Une impression portée sur
la peau chemine par les nerfs sensitifs jusqu'à la moelle épinière,
centre principal du pouvoir excito-moteur. De là, l'incitation,
conduite par les filets moteurs et s'irradiant avec eux par tout le
système, va solliciter dans les masses musculaires une explosion
de mouvements simultanés. Ces actions réflexes s'accomplissent
sans l'intervention de la conscience ni de la volonté; mais leur
production exige l'harmonie et l'intégrité des éléments anatomiques et des propriétés fonctionnelles qui réalisent ce genre
de phénomènes. L'action réflexe parcourt une chaîne organico-
vitale dont on ne peut enlever aucun des trois anneaux, sans rendre sa manifestation impossible. — Interrompez le nerf sensitif, ou
détruisez seulement son dynamisme, et l'impression périphérique
n'étant plus transmise à la moelle vertébrale, les nerfs de mouvement n'ont aucun motif pour inciter les muscles; l'impression
cutanée est morte sur place, et tout le système locomoteur reste
immobile. — Que les nerfs moteurs soient seuls paralysés, il y a

immobilité encore ; car la sensibilité est devenue par là même comme muette et privée de ses moyens d'expression pour s'adresser aux muscles. — Enfin, les propriétés des conducteurs nerveux étant intactes, supposons que la paralysie soit exclusive aux fibres musculaires, le mouvement réflexe est également inexécutable, les sollicitations spontanées ou artificielles des systèmes nerveux et musculaire ne pouvant qu'échouer devant l'inertie radicale de l'agent immédiat des contractions.

Les notions élémentaires qui précèdent nous permettront d'être bref dans la discussion des phénomènes que nous avons à exposer.

2° Sur le N° 2, — c'est-à-dire sur la grenouille à la *strychnine*. — Quand les convulsions cloniques du début sont éteintes, et que l'empoisonnement est achevé, le pincement de la peau du train antérieur ne provoque plus, ni en avant ni en arrière, aucun mouvement réactif ; il y a immobilité partout.

L'excitation tégumentaire des pattes postérieures reste aussi sans effets réflexes ; l'impression n'arrive pas à la moelle, ou bien la moelle a perdu son aptitude à la recevoir ou à la réfléchir. La strychnine paraît insensibiliser le système nerveux du centre à la périphérie. Quel que soit le siége primitif de cette anesthésie toxique, le fait important à constater est la disparition de la sensitivité nerveuse.

Dépouillons l'animal, et galvanisons directement sur chaque membre, d'abord les nerfs des muscles, et il y a des mouvements directs ; ensuite les faisceaux musculaires, et ceux-ci de se contracter aussitôt.

Donc, la motricité nerveuse et l'irritabilité musculaire survivent à l'action de la strychnine.

Seule la sensibilité du système nerveux fait défaut; son absence est l'unique cause de la paralysie générale, ou plutôt de l'inaptitude aux mouvements réflexes, qui caractérise notre *sujet* N° 2.

3° Sur le N° 3, — la grenouille au *curare*, — le train antérieur reste immobile, quelle que soit la région où nous pincions la peau de l'animal.

Et cependant, l'impression est transmise, ainsi que l'attestent les secousses énergiques par lesquelles le train postérieur répond à chaque excitation tégumentaire des pattes empoisonnées. Les nerfs sensitifs continuent à fonctionner; mais la réaction motrice qui doit accompagner leur mise en jeu, ne se manifeste que par les membres pelviens préservés de l'agent vénéneux.

Au train antérieur, la galvanisation des nerfs des muscles est sans effets directs, alors que celle immédiate des fibres charnues provoque de vives contractions.

Dans le train postérieur, tout se passe comme sur notre grenouille-type, en fait de mouvements réflexes et directs.

Donc, la sensibilité nerveuse et la contractilité musculaire sont respectées par le curare. Ce poison ne tue que l'activité propre aux nerfs des muscles; il supprime physiologiquement les nerfs moteurs des parties qu'il envahit, et son influence porte primitivement sur les expansions périphériques de ces nerfs, ce que M. Claude Bernard a péremptoirement démontré par une autre série d'expériences. On sait d'ailleurs que le curare ne désorganise nullement la structure intime du système nerveux, il ne fait que le priver de sa force motrice. Un système nerveux ainsi empoisonné, et même un animal tout entier que ce poison a

plongé dans une mort apparente, sont aptes à revivre si , à la faveur de la respiration artificielle, on réveille les autres fonctions,
et que l'on donne à l'organisme le temps d'éliminer la substance
toxique.

Chez notre sujet N° 3, la paralysie du train antérieur, malgré
la persistance de la sensibilité et de la myotilité, est le principal
résultat que nous devons rappeler ici.

4° Enfin , sur le N° 4 , — la grenouille au *sulfo-cyanure de
potassium*, — si nous pinçons le train empoisonné , aucune
agitation réactive n'apparaît; il ne s'en produit que sur le train
postérieur.

Le pincement porté sur les pattes de derrière ne suscite aucune action réflexe sur l'avant-train.

Mises à nu et galvanisées , les fibres musculaires du train antérieur ne se contractent plus. Le sulfo-cyanure de potassium
les a seules paralysées; il a laissé intactes les propriétés fonctionnelles des nerfs sensitifs et des nerfs moteurs, ainsi que le
prouvent, d'une part, l'ébranlement convulsif des membres pelviens après l'excitation cutanée d'une patte de devant; et, d'autre
part, la contraction directe des muscles non empoisonnés dont
on incite artificiellement les nerfs moteurs.

En résumé, chez les trois derniers batraciens soumis aux expériences précédentes, il y a immobilité du train antérieur, im-
puissance aux mouvements réflexes; mais le mécanisme de cette
paralysie commune diffère essentiellement pour chacun : ici, c'est
uniquement la sensibilité qui fait défaut et qui a primitivement
disparu par l'effet de la strychnine; là, c'est la motricité nerveuse, par l'effet du curare; ailleurs, la myotilité de la fibre con-

tractile, par l'effet du sulfo-cyanure de potassium. Ces facultés élémentaires sont donc séparables, radicalement indépendantes, quoique intimement associées dans leurs exercices physiologiques. La persistance des unes coïncidant avec la disparition d'une autre, et cela à tour de rôle pour chacune des trois, donne à nos conclusions toute l'autorité de l'évidence.

Il existe, sans doute, d'autres substances toxiques, — et les expérimentateurs nous les feront bientôt connaître, — qui produisent, les unes de la même façon, ces paralysies *simples*, exclusivement musculaires ou nerveuses; les autres d'une façon différente, certaines paralysies *composées*, par l'extinction simultanée des deux ou des trois facultés dynamiques qui président à l'exercice des mouvements réflexes.

Les analyses expérimentales de ce genre, qui dans les mains de M. Cl. Bernard ont acquis autant d'importance que de précision, ne sont point seulement fécondes en résultats purement physiologiques. Le pathologiste et le praticien peuvent en faire de précieuses applications; mais ce n'est pas ici le lieu de les indiquer. Nous n'insisterons pas non plus sur d'autres expériences analogues, effectuées, soit avec l'*oxyde de carbone* qui paralyse les globules sanguins et met obstacle aux échanges gazeux dont ils sont les agents, dans la transformation du sang veineux en sang artériel; soit à l'aide de la *nicotine*, dont l'action qui paraît porter primitivement sur le grand sympathique, détermine, *à faible dose*, la contracture des capillaires sanguins, et, *à plus forte dose*, une raideur tétanique dans tout le système musculaire. En rappelant ces expériences, nous avons voulu indiquer seulement en quoi consiste un nouveau et ingénieux procédé d'isoler, ou, pour mieux dire, de supprimer isolément les propriétés physiologiques des éléments, des systèmes ou des organes vivants.

Revenons à notre sujet, et, après avoir signalé la nécessité et la puissance de l'expérimentation en physiologie, occupons-nous des principes et des règles de l'art expérimental. Quelles sont les conditions théoriques et pratiques qui, de la part de l'opérateur, comme de celle des *sujets* employés, donnent à cette méthode le plus de fécondité et de certitude dans les résultats? Question épineuse s'il en fut jamais, au dire même des maîtres, actuellement encore insoluble, quoique élucidée implicitement par les grands travaux de la science moderne.

On a fait des poèmes, on a bâti des palais, avant d'avoir formulé les règles de la poésie, les principes de l'architecture; les hommes ont été mécaniciens avant de chercher à l'être. De même en physiologie, on a fait des expériences qui sont des modèles, et l'on attend encore la promulgation du code expérimental. Chaque science, chaque art marche d'abord instinctivement, sans aucune notion bien claire des lois qui lui conviennent, ni de l'avenir qui lui est réservé. En tout, l'œuvre a devancé le précepte.

Cependant, après tant de résultats heureux, effets de tentatives et de combinaisons préméditées plus souvent que du hasard, il serait temps de songer à la didactique de l'expérimentation. Il faut que ce qui est fait serve de guide et d'enseignement à ce qui est à faire. Mais pour aucun autre art, les principes ne sont aussi difficiles à établir que pour l'art expérimental, et la raison, c'est qu'il a pour objet les phénomènes les plus mobiles et les plus compliqués de la nature. Il suffit d'un peu de réflexion, ou mieux de quelques essais, pour sentir combien cet art est difficile, délicat et illimité. Nous l'avons vu déjà, l'institution des expériences et leur exécution sur un organisme vivant, exigent plus qu'on ne ne pense de tact et d'habileté, surtout quand il s'agit de manier une grande fonction dans son ensemble comme dans ses détails, d'en mettre en évidence les ressorts essentiels, et de porter l'analyse jusqu'à ses éléments immédiats. Toutefois, la main ne vaut quelque chose que par la tête qui la dirige. Un esprit pénétrant et sévère à l'*exception*, un jugement sûr et familiarisé avec le *doute méthodique*, sont encore plus nécessaires à l'expérimentateur, que l'habileté des doigts et la perfection des instruments.

Un des préceptes les plus importants que recommande Haller à ses disciples, c'est d'arriver sur le terrain de l'expérimentation sans idée préconçue, sans autre but que de découvrir ce que fait la nature. Dans le journal de ses expériences, le grand physiologiste a noté aussi bien les résultats contraires à sa doctrine, que ceux qui lui sont favorables, et il dit avec plus de malice que de naïveté : « J'ai toujours été surpris du bonheur avec lequel certains savants ont constamment vu ce qu'ils voulaient voir, et n'ont jamais rien vu qui y fût contraire...... Ce n'est que dans les romans que les héros sont toujours victorieux. »

Ainsi pas d'*à priori*, point d'inductions systématiques. «Qu'on ne se fasse pas un devoir de trouver ce qu'on s'imagine être la vérité,» a dit quelque part notre vénérable professeur M. Lordat [1].

Magendie, l'expérimentateur le plus exclusif qui fut peut être,

---

[1] *Conseils sur la manière d'étudier la physiologie de l'homme*, 1813.

ne voulait jamais entendre parler que du résultat brut et isolé, sans qu'aucune idée systématique intervînt ni comme point de départ, ni comme conséquence. Lorsqu'on lui disait : « Suivant telle loi ou telle analogie, les choses ne doivent-elles pas se passer ainsi ? Je n'en sais rien, répondait-il, *expérimentez*, et vous direz ce que vous aurez vu. » *Expérimentez*, telle fut pendant quarante ans son éternelle réponse à toute question de ce genre. A ce sujet, M. Cl. Bernard [1] a rapporté une anecdocte qui a bien son enseignement.

Un jour le célèbre Tiedmann, un des plus grands savants dont l'Allemagne s'honore, vint, dans un de ses voyages à Paris, rendre visite à Magendie, qui s'occupait alors de ses recherches sur le liquide céphalo-rachidien. Le grand vivisecteur du Collége de France lui offrit, ainsi que cela se pratique entre savants, de lui montrer ses expériences, et de lui faire voir le fluide en question oscillant en dessous du feuillet viscéral de l'arachnoïde. — « Mais cela, répliqua Tiedmann, est contraire à la loi de Bichat, que nous connaissons, sur la physiologie des séreuses : jamais le liquide sécrété par ces membranes n'est en dehors d'elles ; il est renfermé dans leur cavité. » — « Je n'ai pas à m'occuper, répartit Magendie, si c'est en désaccord ou non avec la loi physiologique des séreuses ; mais je me charge de vous démontrer, par une expérience sur un animal vivant, que le liquide céphalo-rachidien est en dehors du feuillet viscéral, et non entre les deux feuillets de cette séreuse. »

Magendie avait raison. Dans l'état actuel et presque rudimen-

---

[1] *Discours sur Magendie*, 1857.

taire de la physiologie, les *faits*, c'est-à-dire les réalités expérimentales, sont le plus souvent en désaccord avec les prévisions
des *théories*. Les faits d'expérience ne se démontrent pas plus
qu'ils ne se critiquent par des raisonnements.

Quelques esprits même, condamnant la lumière en face des
erreurs éditées par les *savants*, sont allés jusqu'à regarder l'igno-
rance comme une condition favorable à l'art d'interroger la nature et d'y faire des découvertes. Cet arrêt, qui s'annule à force
d'exagération, retrouverait sa force et son à-propos, s'il s'agissait
de proclamer la nécessité du *doute méthodique* dans les recherches expérimentales. C'est grâce à cette disposition d'esprit
scientifique, que M. Cl. Bernard a défriché si fructueusement le
sol physiologique. Défiant, mais actif, l'expérimentateur s'est
avancé avec circonspection et en tâtonnant, non pas dans le cou-
rant, mais à l'encontre des théories provisoires qui règnent actuellement encore, et sous ses pas ont surgi des faits nouveaux,
inattendus, et donnant aux opinions reçues les plus irréfutables
démentis. C'est ainsi, — pour citer quelques exemples entre mille,
— que nous avons appris que le sang veineux des glandes retient,
pendant l'exercice de leurs fonctions, la couleur rutilante du sang
artériel ; qu'après la section du filet nerveux qui unit le ganglion
cervical inférieur au ganglion cervical supérieur du grand sympathique, la température vitale s'accroît considérablement dans
la moitié de la tête, du côté de l'interruption nerveuse ; que le
foie élabore de toutes pièces une matière glycogène qui se trans-
forme incessamment en sucre ; que l'urine des herbivores à l'état
d'abstinence est de même composition chimique que l'urine ordinaire des carnassiers , etc.

Il ne suffit pas que le physiologiste investigateur renonce à tout parti pris d'avance, et reste en garde contre les entraînements théoriques ; il faut encore qu'il possède, comme instruction spéciale, des connaissances non moins exactes qu'étendues en chimie, en physique, en anatomie. Il doit savoir en pratiquer les procédés, en utiliser les lois, pour instituer méthodiquement ses expériences, pour apprécier, à l'aide du microscope et des réactifs, les transformations successives qu'éprouvent, aux divers temps des fonctions, les substances solides, liquides et gazeuses puisées au dehors ou faisant partie des organes. Ces sciences, depuis leurs récents progrès, ont déjà remué tout le domaine physiologique. Loin de rester simplement *accessoires*, elles sont devenues de première nécessité pour l'étude des phénomènes de la vie. Par elles, l'expérimentateur se trouve doué pour ainsi dire de sens nouveaux et plus puissants qui le font assister aux métamorphoses moléculaires, aux actes les plus intimes de l'économie vivante. Armé du microscope et des réactifs, il continue à disséquer, à pénétrer dans leurs derniers retranchements les opérations vitales et leurs produits, alors qu'il a cessé d'y avoir accès par l'œil nu et le scalpel.

L'intervention de ces sciences auxiliaires est encore indispensable à un autre point de vue. Qui ne connaît la part large et incessante que prennent les agents chimiques et physiques à la réalisation de la vie? Leurs phénomènes acquièrent même une telle importance, comme origines ou comme résultats, dans la plupart des fonctions organiques, que le physiologiste se trouvera arrêté à chaque pas s'il n'est chimiste et physicien. Ce n'est point que les réactions chimiques, les fermentations, les effets d'élec-

3

tricité, de chaleur et de mécanique, qui s'exécutent dans l'organisme, rendent raison des phénomènes vitaux ; pas plus que les formes histologiques des tissus et des organes n'expliquent les facultés vitales qui les font agir : la contractilité, par exemple, dans le muscle, la sensibilité dans certaines parties du système nerveux, l'activité sécrétoire de chaque glande donnant à ses produits des qualités spéciales, etc. Sans contredit, les phénomènes physico-chimiques sont partout dans le corps vivant ; leur concours y est indispensable ; mais ils ne sont pas toute la vie. Est-il une seule fonction qui n'ait quelque chose, et même sa principale chose, irréductible à leurs lois ? L'homme qui connaîtrait, dans leur influence, leur mécanisme et leurs résultats, tous les actes physico-chimiques qui s'accomplissent en lui, posséderait-il par cela même la science de la vie ? Non, je ne le pense pas.

Dans ma conviction, la physiologie ne saurait être un chapitre de la chimie ni de la physique, pas plus qu'un chapitre de l'anatomie. Par son objet et par sa méthode, la physiologie restera une science indépendante. Mais elle ne peut plus se passer des autres sciences pour préparer la solution de ses problèmes ; il faut qu'elle leur emprunte leurs instruments de précision, leurs moyens d'études et d'analyses, les lumières de leurs théories, et la fécondité de leurs applications. Malheureusement, l'abus est près du bon usage. La physiologie leur demande une alliance, et c'est un joug que celles-ci trop souvent cherchent à lui imposer. Elle eut plus d'une fois à se défendre contre ce genre d'usurpation, et, actuellement encore, plus que jamais peut-être, elle a besoin de résister aux prétentions de certains savants, qui, méconnaissant à leur tour la complexité, la variabilité et l'autonomie des actes vitaux, veulent les expliquer, non tels qu'ils sont, mais tels qu'ils pourraient être théoriquement, d'après les simples données physico-chimiques.

Écartons tout exclusivisme, et que nos moyens d'investigation, se conformant à la nature des choses, conservent entre eux la préséance qui se retrouve parmi les éléments dont se composent les questions biologiques. Les forces physico-chimiques et la force vitale coopèrent à l'accomplissement de la vie; il faut donc que les sciences qui s'occupent de leurs effets respectifs, coopèrent à l'étude des phénomènes vitaux. Mais il convient, en même temps, que la physiologie garde l'initiative et la prépondérance sur les autres sciences, puisque la force vitale prime et dirige les autres forces, ses alliées, dans la formation et l'entretien de l'organisme.

Ce n'est pas tout : s'il s'agit de la physiologie humaine en particulier, il faut qu'une science d'un autre ordre, la psychologie, lui apporte le secours ou le tribut de ses lumières. L'élément intellectuel et moral ne prend-il pas, lui aussi, avec les autres éléments qui lui sont associés dans la constitution de l'être humain, une part active et même parfois très-importante aux opérations vitales de l'homme, à l'état de santé et de maladie?

Le physiologiste médecin doit donc être tour à tour et simultanément : anatomiste, physicien, chimiste, biologiste, psychologue et clinicien.

La source de toutes difficultés en expérimentation biologique, personne ne l'ignore, est inhérente aux *sujets* mêmes sur lesquels on opère. La constitution des êtres vivants, les conditions natives

ou accidentelles de l'animalité, le mécanisme complexe de toute action vitale, la solidarité qui relie les fonctions entre elles, comme
entre eux les organes, rendent on ne peut plus délicate l'œuvre
analytique de l'art explorateur. S'il est possible au physicien et
au chimiste d'étudier les propriétés d'un corps inerte, parce que
celui-ci s'isole parfaitement des objets qui l'environnent, si l'anatomiste peut disséquer toutes les parties d'un cadavre, les considérer à part, les unes après les autres, pour se rendre compte
de leur structure, de leurs formes, de leurs rapports, il n'en
est plus de même pour le physiologiste qui pénètre dans une
machine vivante, en pleine activité, où tous les rouages, fonc-
tionnant les uns par les autres et les uns pour les autres, comportent peu l'isolement individuel que réclame impérieusement
l'analyse scientifique. Dans le système vivant, la division du
travail est dominée par l'unité, la communauté du but, qui est
la vie de l'ensemble. Un organe qu'on *parque* pour ainsi dire et
qu'on réduit à sa fonction propre, à *sa vie partielle*, se trouve
dès-lors dans des conditions anormales qui dénaturent son rôle
et préparent sa ruine. Ce qui vit, ce qui existe physiologiquement,
c'est l'ensemble du système, c'est l'être vivant tout entier, dont
chaque partie ne peut être séparée sans perdre aussitôt la principale de ses facultés, qui est celle de vivre avec l'ensemble. Cette
solidarité des instruments organiques dans le concert vital, les
sympathies mystérieuses et les relations synergiques qui unissent
quelques-uns d'eux encore plus intimement, sont de terribles
écueils pour les tentatives expérimentales.

Il est certaines fonctions, certains organes qu'on ne peut brus-
quer sans susciter le désordre partout. Par exemple, portez l'instru-

ment sur l'encéphale ou sur le cœur, et d'emblée surviennent des troubles généraux et des réactions complexes, source inévitable de confusion pour les effets biologiques ordinaires.

Il en est d'autres qui, sans exercer dans la sphère vitale une prédominance aussi marquée, sont par eux-mêmes si délicats, si susceptibles, que la plus légère atteinte pervertit sur-le-champ leurs aptitudes fontionnelles. Chez certains animaux, le cheval, le lapin, par exemple, la moindre lésion portée sur l'estomac ou sur l'intestin, suspend la digestion, altère la composition chimique des fluides sécrétés par l'appareil viscéral et change leur quantité comme leurs qualités physiologiques. C'est ce qui arrive encore pour les expériences qui s'adressent au pancréas. Peut-être faut-il, à propos des manœuvres qui atteignent les viscères abdominaux, rapporter au péritoine l'affectibilité organique dont nous signalons ici la funeste influence. On connaît d'ailleurs la différence de susceptibilité de cette vaste membrane à l'égard du traumatisme, suivant les diverses espèces animales. Ainsi, sur le cheval, sur le lapin, chez l'homme surtout, les opérations qui intéressent le ventre et vont s'exécuter au travers d'une plaie large et pénétrante, s'accompagnent rapidement d'une péritonite grave, même mortelle, qui rend l'expérience insidieuse et bientôt inutile. Au contraire, le chien, le porc, la vache supportent presque sans trouble et sans danger ce genre de lésions péritonéales. Chez eux des canules peuvent être impunément adaptées aux conduits excréteurs des glandes abdominales dont on veut étudier les sécrétions. Les fonctions de ces organes et leurs produits ne sont plus sensiblement dénaturés par les manœuvres expérimentales. Ces animaux mangent immédiatement après la blessure, continuent à bien digérer, sont exempts de péritonite, et peuvent survivre longtemps et sans malaise avec la persistance des fistules.

En intervenant dans le jeu d'une économie vivante, l'opérateur désireux de surprendre les secrets de telle ou telle fonction, s'efforcera donc d'y introduire le moins de trouble possible ; autrement ce qu'il observera, loin de lui représenter les actes vitaux sous leur jour naturel, sera l'image d'une vie artificielle, d'un rôle improvisé dans des conditions insolites. Ces violences physiologiques peuvent bien faire connaître comment se comportent l'organisme, ou tel appareil, ou tel organe, quand on les place en dehors de leurs lois et de leurs habitudes ; mais elles sont impuissantes à nous révéler ce qui s'y accomplit spontanément et dans les circonstances normales. Pour peu qu'on s'oublie, on risque de prendre les produits de l'art pour ceux de la nature, l'exception pour la règle.

Le choix des sujets se recommande encore à d'autres points de vue. Ainsi, pour étudier les salives, ni le chien ni les autres carnassiers ne sont favorables. La plupart, et ceux de petite taille en particulier, ont les glandes salivaires peu développées, les canaux excréteurs si ténus que les tubes les plus fins, les plus exposés à s'obstruer, n'y entrent qu'avec une peine extrême ; ajoutons que les carnassiers mangent très-vite et salivent peu. C'est donc à des animaux d'un autre ordre et de grande taille qu'il faudra s'adresser. On mettra à contribution ceux qui offrent des glandes énormes, une mastication lente et régulière, comme le bœuf, le cheval. Avec eux on pourra recueillir des quantités suffisantes de salives, et apprécier sur une plus grande échelle l'ensemble et les particularités de ces diverses sécrétions. — On préférera le chien et le porc pour les fistules stomacales et biliaires ; les ruminants pour les fistules pancréatiques..... Ces quelques exemples suffisent pour montrer la nécessité de choisir, avec connaissance de cause, les animaux qui doivent servir aux diverses études de l'expérimentation, puisque tel convient à une série de recherches auxquelles tel autre est impropre. D'après cela, qu'on juge de la routine de certains expérimentateurs dont l'un n'a de victimes que le chien, l'autre que le lapin ; celui-ci la grenouille, celui-là le cochon d'Inde !

Pour arriver à des généralisations quelque peu légitimes, pour préciser les caractères constants et fondamentaux d'une fonction, et pas seulement ses phénomènes accessoires et mobiles, il importe d'expérimenter sur différents types d'animaux, et de bien déterminer ce que cette fonction a de fixe et d'invariable dans l'échelle zoologique. Veut-on connaître dans leurs modes essentiels et généraux les phénomènes de la digestion, il faut poursuivre ses expériences sur plusieurs espèces animales, et ne pas se borner à un carnassier ou à un ruminant, à un mammifère, à un oiseau ou à un reptile. L'un d'eux, quel qu'il soit, ne saurait donner à lui seul et avec une égale évidence, tous les éléments que comporte la généralisation du problème digestif. Réaumur, avec ses gallinacées, n'étudie qu'une forme de la digestion ; il voit un gésier dense et puissant aplatir des tubes métalliques, broyer des substances très-dures, et il en conclut d'abord que le phénomène essentiel de la fonction est une *trituration*. Ce n'est que lorsqu'il arrive à expérimenter sur un oiseau de proie, qu'il voit les aliments se digérer sans broiement préalable, et par l'unique intervention du suc gastrique. Alors sa théorie se modifie, et la

simple *dissolution* est admise comme suffisant à la digestion
chez les animaux à estomac membraneux. Plus tard Spallanzani,
en multipliant ses essais sur des types variés, démontre clairement
que la *trituration* des aliments n'est qu'une préparation accessoire,
et prétend que leur *dissolution* dans le suc gastrique constitue
le mode essentiel de la digestion animale. De nos jours, on s'est
appliqué à déterminer l'action propre de chaque suc digestif sur
chaque espèce d'aliments, et l'on a formulé la théorie générale
de la fonction digestive dans l'animalité.

Certains observateurs, qui avaient vu l'absorption continuer à
se faire dans l'estomac après la section des nerfs pneumo-gas-
triques, soutenaient, contre d'autres qui ne l'avaient pas vue s'ef-
fectuer après cette section, que l'absorption était indépendante de
l'influence nerveuse. La dispute durait depuis un quart de siècle,
lorsqu'il fut démontré, en 1852, par M. Henry Bouley, que la
dissidence tenait à ce que les premiers avaient expérimenté sur le
chien, dont l'estomac *absorbe toujours*, et les seconds sur le
cheval, dont l'estomac *n'absorbe pas sensiblement*, même à l'état
normal (Collin).

L'expérimentation doit donc s'étendre à plusieurs catégories
d'animaux. Mais, pour d'autres motifs, il faut la répéter, la varier à l'infini sur des sujets de la même espèce. Le biologiste les
prendra ou les placera dans des conditions identiques et différentes,
pour saisir le genre et le degré d'action qu'exerce telle ou telle
condition physiologique ou étrangère, sur les phénomènes qui font
l'objet de ses recherches. L'âge, le sexe, la taille, les dispositions
héréditaires ou acquises, la force ou la débilité, l'état d'abstinence
ou de digestion, les vicissitudes de la température, de l'humidité,

de l'électricité et de la pression de l'atmosphère, les heures du
jour et de la nuit, certaines différences primordiales de vitalité,
les divers états de la circulation, de l'innervation, de l'absorption et des sécrétions, une foule d'autres conditions individuelles
ou extrinsèques, dont les influences respectives sont loin d'être
encore déterminées : toutes ces circonstances fort variables, isolées,
groupées, ou diversement combinées comme coopérantes ou
comme antagonistes, donnent au terrain biologique sa mobilité
incessante, et sa fertilité en phénomènes inconstants, imprévus,
qui passent pour être *contingents, capricieux*, quelquefois même
contradictoires. On peut dire, d'une manière générale, que cette
variabilité dans les événements vitaux, va croissant comme la
complication de la structure et de la constitution des êtres vivants,
depuis le végétal jusqu'à l'homme. Elle est subordonnée aux
actions réciproques des causes et des conditions que l'organisme
porte en lui et autour de lui; causes et conditions qui se com-
binent de cent façons diverses et font de l'économie vivante un
vrai protée, plus changeant, plus mystérieux que celui de la fable.

Cependant, tout n'est pas radicalement variable dans la sphère
vitale ; s'il en était ainsi, la physiologie ne saurait être une
science. Ce qu'il y a de fixe et d'immuable, ce sont les lois primordiales qui régissent les agents de la nature morte et de la
nature animée. Mais ce qu'il y a de variable, de mobile, ce sont
les conditions multiples, modifiables, au sein desquelles fonc-
tionnent ces agents. Toute science positive, et la physiologie
aspire à le devenir, s'appuie sur cet éternel principe qui est pour
nous un axiome, à savoir : *dans des conditions identiques, les
faits se produisent toujours identiques*. Par contre, les causes
premières étant immuables dans leur essence, des faits différents,

provenant d'une même cause, impliquent l'intervention de conditions différentes.

Ces considérations sont, à nos yeux, de la plus haute importance : nous nous proposons de leur donner, un jour, de plus amples développements ; en attendant, profitons de leurs lumières pour éclairer deux points de physiologie qui intéressent vivement l'avenir de l'expérimentation.

Le premier point est relatif à ce que l'on appelle *idiosyncrasie, contingence* des phénomènes vitaux, *faits exceptionnels*.

Le second a trait au degré de précision et au genre de certitude qu'il est permis d'atteindre dans les recherches biologiques.

La plus simple observation suffit pour reconnaître que les corps doués de vie ne réagissent pas d'une manière constante, fatale, contre les influences des milieux ambiants. L'homme surtout, chez qui le dynamisme vital est étroitement lié au principe libre et pensant, c'est-à-dire, chez qui la spontanéité biologique et le pouvoir de réagir s'associent le plus aux allures indépendantes, aux délibérations de la volonté, l'homme, étudié à l'état de santé ou de maladie, paraît offrir les plus frappants exemples de la contingence des phénomènes vitaux, ceux-ci pouvant être ou n'être pas ; avoir des caractères différents, malgré la similitude des conditions dans lesquels ils se produisent, ou des caractères semblables, malgré la différence des conditions. C'est dans le but d'expliquer ces effets particuliers, qui échappent, sinon aux lois des choses naturelles, du moins aux prévisions du calcul, qu'on a admis le dogme de l'*idiosyncrasie*.

D'où provient cette disposition propre à chaque individu d'*être influencé* et de *réagir* à sa manière ?

Les uns l'attribuent aux modifications natives ou éventuelles qui atteignent la force vitale, celle-ci pouvant d'ailleurs, spontanément ou par le fait de sollicitations, exalter, diminuer, ou pervertir son action.

Les autres, convaincus au contraire que la nature et les attributs de la puissance qui nous fait vivre sont fixes et immuables, ne peuvent se résoudre à la croire radicalement modifiable dans sa virtualité; ils s'abstiennent de la regarder comme capricieuse, bizarre, versatile; ils ne la passionnent pas; en un mot, elle n'est pas pour eux une sorte de contrefaçon de l'âme pensante, mais ils rapportent la variabilité de ses expressions et de ses effets à la variabilité des circonstances au milieu desquelles elle agit. Avec cette manière de voir, les faits *idiosyncrasiques, contingents, exceptionnels, contradictoires*, ne sont plus que des phénomènes dont nous ne connaissons pas suffisamment les lois et les conditions d'existence. Chaque fait a sa raison d'être; aucun n'est en dehors de sa loi; il n'y a pas d'*exceptions* dans les règles de la nature. Les faits ne sauraient donc se contredire.

C'est à l'expérimentation physiologique qu'il appartient de déterminer l'influence de ces conditions et la formule de ces lois. Elle est à peine sortie de son berceau, et déjà elle a scientifiquement rendu compte d'un certain nombre de phénomènes biologiques qui tenaient du merveilleux, et n'avaient excité jusqu'ici qu'un étonnement stérile. C'est par elle que nous avons appris comment il se fait que les ruminants résistent mieux que les carnassiers à certains poisons, comme les arsenicaux; que le curare introduit dans l'estomac n'est plus inoffensif quand l'animal est à jeûn; qu'une personne malade et affaiblie se montre souvent plus réfractaire que des gens bien portants, à l'action d'un air délétère; que l'absorption des substances toxiques et médicamenteuses ne s'opère pas également en tous les points du corps, ce qui explique certains cas *exceptionnels* d'immunité, etc., etc.

Il serait trop long d'énumérer ici les conquêtes de ce genre qu'a faites l'expérimentation, en découvrant, au lieu des apparences d'analogie et de similitude, les réelles différences des conditions organiques qui imposent de la variété aux résultats. C'est parce qu'ils ne prennent pas les mêmes précautions minutieuses, parce qu'ils n'instituent pas leurs expériences dans des conditions identiques, parce qu'ils ne se rendent pas complètement raison de toutes les circonstances qui les entourent, que les expérimentateurs même de bonne foi sont perpétuellement en désaccord sur beaucoup de questions, et, à tout instant, se jettent à la face des *faits contradictoires*.

Quand il n'en tirerait d'autre profit que celui d'apprendre, par l'exemple des physiciens et des chimistes, à respecter les conditions expérimentales, le physiologiste ne doit certes pas regarder comme perdu le temps qu'il emploie à fréquenter leurs laboratoires. Combien il serait à désirer qu'on apportât dans les expériences biologiques au moins une partie des soins et des garanties d'exactitude qu'on prodigue dans les recherches physico-chimiques! Je dis : au moins une partie de ces précautions, quoique je sois convaincu qu'il en faut infiniment plus dans les études physiologiques, où, en raison de la mobilité et de la complexité des choses, les appréciations les plus rigoureuses en mesures et en chiffres n'aboutissent qu'à des *moyennes*, à des données approximatives et susceptibles d'*écarts*; où enfin la certitude ne va qu'à la *probabilité*, ainsi que nous allons le voir.

En opposition des physiologistes qui ne voient que contingence, c'est-à-dire, caprice et fantaisie dans les phénomènes vitaux, il en est d'autres qui veulent les soumettre à des appréciations fixes et mathématiques.

Pour être contraire, l'erreur n'en est pas moins grande de part et d'autre, et les vrais expérimentateurs qui ont un sentiment exact de la nature du terrain vital, s'en tiennent également éloignés. Dans leur conviction et dans leur pratique, la variabilité incessante des conditions multiples qui s'imposent aux actes de l'organisme, n'est pas plus oubliée que l'immutabilité des forces de la nature dans leur essence et leur virtualité.

Tout en recherchant l'éloquente précision du chiffre, il faut se défier de l'application du calcul mathématique à des phénomènes où la complication des données tolère peu l'emploi d'une pareille rigueur ; il faut renoncer à des résultats absolus quand les sujets n'admettent que des approximations relatives, et que le plus souvent les déterminations qualitatives sont plus importantes que celles de quantité.

M. Martins [1], dans son remarquable Mémoire sur la *Température des Oiseaux Palmipèdes du nord de l'Europe*, s'est nettement expliqué sur le degré de précision que comporte la législation scientifique des actes de la vie. Il fait ressortir l'avantage « d'introduire en physiologie les notions de *moyennes*, sans lesquelles l'étude d'un phénomène mesurable, mais variable entre certaines limites, est réellement impossible. » Le laborieux et habile investigateur montre que la *température moyenne* (dé-

---

[1] *Journal de la physiologie de l'homme et des animaux*, du docteur Brown-Séquard , janvier 1818, pag. 10.

duite de l'observation d'un grand nombre d'individus de la même espèce), peut à la rigueur n'être la température d'aucun des individus observés , bien qu'elle représente celle de l'espèce. « De même, ajoute-t-il, que dans une armée il ne se trouve pas un soldat qui ait exactement la taille moyenne déduite de celle de tous les soldats de l'armée ; de même aussi, dans tout le cours d'une année, il n'existe souvent pas un seul jour dont la température moyenne soit exactement égale à la moyenne des 365 jours de l'année. Cette température moyenne n'en est pas moins celle qui nous donne un des éléments les plus importants de la chaleur qui a régné dans le cours de l'année. Si l'on creuse ces questions, si l'on cherche à introduire dans les sciences biologiques la rigueur des sciences physiques, il faut en venir à ces notions de *moyennes* pour tous les phénomènes variables susceptibles d'être exprimés par des nombres [1]. »

« Ces moyennes numériques ont un autre avantage : un chiffre, par cela même qu'il est absolu et ne donne lieu à aucune équivoque, se prête facilement à une rectification. Si dans ces Mémoires j'établis, par 110 observations, que la température moyenne du canard domestique est de 42°,089 , un physiologiste pourvu d'un thermomètre encore meilleur, et opérant sur un plus grand nombre d'animaux, rectifiera ce nombre et le remplacera par un autre qui sera adopté de préférence au mien. Par cette méthode, la science procède sûrement ; chaque pas est un progrès, et l'on ne perd pas un temps inutile en discussions qui n'ont d'autre origine que de vagues théories reposant sur des observations plus vagues encore. »

---

[1] Journal cité, pag. 13.

Je n'ai pas hésité à reproduire ces passages, parce qu'ils enseignent clairement en quoi consiste la certitude que les chiffres peuvent représenter en physiologie, quand il s'agit de phénomènes et de résultats accessibles aux instruments de précision. La *moyenne* s'éloigne d'autant moins de la vérité, que le nombre des observations est plus grand, et que les conditions des individus observés sont plus identiques.

Ce n'est pas tout d'importer une loi ou un procédé physique dans le domaine des sciences de la vie ; il faut encore en savoir subordonner les indications aux circonstances qui font varier les résultats physiologiques. Autrement, on est le jouet d'une illusion, et la précision que l'on donne à ses recherches est plus spécieuse que réelle. La science n'est pas encore assez avancée pour qu'on fasse à chaque influence étiologique la part exacte qui lui revient dans le fait accompli.

On a regardé comme un progrès, comme un moyen précieux d'évaluation, la méthode qui consiste à rapporter numériquement à un même poids de matière vivante, les effets physiologiques de même ordre qui s'accomplissent sur les animaux de nature ou de grosseur différentes. Mais ni la théorie ni l'expérience ne confirment ce mode d'appréciation comparative. Ainsi, par exemple, on a reconnu que 2 milligrammes de curare injectés dans le sang d'un lapin de 1 kilogramme, suffisent pour le tuer ; en conclura-t-on que 4 milligr. de curare tueront un lapin de 2 kilogr. ? 12 milligr., un chien de 6 kilogr. ? en un mot, qu'il faut 2 milligr. de ce poison par kilogramme de poids d'animal, pour déterminer la mort ? Trompeuse simplification mathématique, quand on sait qu'un petit animal supporte des doses toxiques proportionnellement plus considérables que celles qui tueraient un animal de forte taille. Pour arriver à la conclusion erronée dont nous parlions, on a dû admettre une double hypothèse contre laquelle l'expérience s'inscrit en faux, à savoir :

1° Que le poison se trouve d'autant plus affaibli, que l'animal a plus de sang ;

2° Que la quantité de sang est dans un rapport direct avec le poids de l'animal.

On voit, par l'exemple précité, que la simplification n'est obtenue qu'aux dépens de l'intégrité du problème. Jusqu'ici, cette réduction des phénomènes organiques à l'unité de poids, de temps, etc., a tenu compte seulement de certaines données et a négligé les autres. Cependant, il y a à espérer beaucoup de cette méthode, quand il lui sera permis d'être plus complète dans ses moyens d'action. Ses progrès sont essentiellement subordonnés à ceux de la chimie et de la physique, qui rétrécissent de jour en jour l'empire des choses *occultes*. A mesure qu'elle se perfectionnera, à mesure que les observations se multiplieront, que la valeur de chaque inconnue sera saisie isolément et dans l'ensemble du phénomène où elle s'associe avec les autres, on se rapprochera de plus en plus de la vérité ; on obtiendra des *moyennes* plus satisfaisantes, ayant autant de précision que peut le permettre la condition d'un produit dont les facteurs varient à chaque instant.

Montpellier. — Typographie BOEHM et Fils.

www.ingramcontent.com/pod-product-compliance
Lightning Source LLC
Chambersburg PA
CBHW032312210326
41520CB00047B/3038